60 分钟探望你的心情

安载良　著

成都时代出版社
CHENGDU TIMES PRESS

图书在版编目（CIP）数据

60分钟探望你的心情/安载良著. -- 成都：成都
时代出版社，2024. 8. -- ISBN 978-7-5464-3469-8

Ⅰ. B842.6-49

中国国家版本馆CIP数据核字第2024VX7157号

60 分钟探望你的心情

60 FENZHONG TANWANG NIDE XINQING

安载良 ／ 著

出 品 人	达　海	
责任编辑	樊思岐	
责任校对	李　航	
责任印制	黄　鑫　　曾译乐	
装帧设计	新梦渡	

出版发行	成都时代出版社
电　　话	（028）86742352（编辑部）
	（028）86615250（营销发行）
印　　刷	武汉鑫佳捷印务有限公司
规　　格	145mm×210mm
印　　张	6.375
字　　数	100 千
版　　次	2024 年 8 月第 1 版
印　　次	2024 年 8 月第 1 次印刷
书　　号	ISBN 978-7-5464-3469-8
定　　价	88.00 元

心情也会"感冒"。每个人在生活中总会时不时有那么一小段时间，有很多困惑，情绪低落、无精打采，无法开心地面对生活。如果你也有过这样的感觉，那么你的心情可能在那段时间"感冒"了。

在现代社会生活中，工作的压力、感情的不顺、事业的挫折常常使一颗颗年轻的心灵感到疲惫，感到前途的迷茫，甚至怀疑人生的价值和方向。该如何改变这些境遇，摆脱这些烦恼呢？忙于应付工作与生活的我们通常来不及思考，只能默默坚强地熬过那段时间，一切似乎还可以继续。就像一次不治自愈的感冒，悄悄地来，又悄悄地走了。可过不了多久，它又悄悄地来了。

事实上，你的心情在释放一种信号，那就是需要你的关注、你的关心。

当然，有些人发现了心情的问题，开始试图用成功学警醒自己，坚强得像个悲壮的英雄，告诉自己要坚韧、执着，捂着伤口不断奋勇前行，信奉"不逼自己一次，不知道自己有多大潜力"。一段时间后，心情的"感冒"毫无意外地走了，是成功学起作用了吗？

　　有人求助于情绪管理学，想知道情绪产生的生理机制是什么，坏情绪的生理反应有哪些，如何不让自己生气，如何释放负面情绪、深呼吸、冥想……就像心理学专家宣称的那样，情绪是一种心理疾病，要努力控制情绪，让自己成为自己的情绪管理专家。如果情绪没有很好地控制，人甚至有激情犯罪的可能。心理学家并没有说错，而你的心情也并没有想象的那么糟糕，只不过是一场"感冒"而已。

　　要知道，即便是看起来不那么友好的心情，其实也只是现代人再平常不过的小情绪，我们要与这些心情共同成长、和谐相处，而不是消灭它们。一生中会"感冒"多少次，我们自己都数不清，这种司空见惯的小毛病，不必大动干戈、如临大敌地去对待。但它既然来了，就在提示我们需要关注自己的健康了。通过劳逸结合、清淡饮食、充足睡眠，感冒不仅自愈，我们的身体还会产生更充沛的体力去面对生活。

　　这本书没有追本溯源地探讨心理学问题，而是仿效我们去看望生病的好友时，无意间遵循的"关心、安慰、倾听—回忆美好过往—真诚的肯定—热情的鼓励—温馨的建议—畅想幸福生活"六步的方式，在6天的时间里，引领读者每天用10分钟的时间去面对5个你我都会遇到的心情小疑问，在清新的"愈文"中感受心灵的抚慰，在"解语"中找到答案，完成一次60分钟的心灵"治愈"之旅。

"治愈"心灵，从认知你的心情疑问开始。

准备好了吗？走，一起去探望你会"感冒"的心情吧！

目 录

60分钟探望你的心情

第一天

关心 安慰 倾听

"感冒"的心情需要你的关心、安慰和倾听，了解烦恼是探望心情最好的开始。

问题1

为什么偶遇的爱情轮不到你?

愈文

太阳烤得我手臂发烫时，
我走进路边的小店，
没有冰爽的空调，
只是一台风扇在悠悠地转着。

你趴在柜台一角犯困，
我从玻璃的反射下隐约看见你鬓角的秀发轻轻飘动，
柜台内没有常见的各种香烟，
一枚枚五颜六色的糖果却有着别致的布局。

不忍打扰你的夏梦，
我轻轻退到门外的梧桐树下，
望着这宁静的小店。

一辆货车轰隆而过，
你微微抬起头，
揉着惺忪的睡眼，
我装作刚好经过般大步走向小店，
在你望向门外的一霎刚好踏进门。

每每经过小店时，
我只是静静地喝一瓶可乐，
吹着风扇看看路上的人来人往，
直到有一天，
你请我吃了一枚柜台内精致的糖果。

你说你喜欢这里的人来人往，
我说我喜欢这宁静的小镇街道。

你说这里雪后的街道更美，
我说那时我愿意点一杯暖热的红茶。

解语

　　爱情其实藏在生活的角角落落，是巧合，也是对有心人的褒奖，放松去生活吧，偶遇总在不经意时到来。

问题2

你的心事无人问津？

愈文

无人去问云的心事，
即使它默默停留在盛夏的晴空；
无人去问云的心事，
即使狂风吹着它幻化成汹涌的海浪。

飞鸟穿过云的心房，
却没有留意云的悲伤；
微风吹起云的纱笼，
忽略了云已带泪的面庞。

直到真的无人再去抚慰云已失望的心，

直到泪水涌出它的眼眶，

纷扰的世界终于洒满漫天的泪雨，

而雨过天晴后还有谁会再去追问那朵云的心事。

难道你没有发现，

蓝天下那道美丽的彩虹？

解语

　　如果有那么一刻，你感到自己的心事无人问津，请不要难过，我希望你知道，云的心事终究会幻化成美丽的彩虹！

问题 3

如果重新选择一座城市生活，
你会选哪里？

愈文

如果让我重新选择一座城市生活，
我想应该是南国。

至于哪里才是南国，
我没有确切的答案，
或许是有椰子树的地方，
或许是离暖暖的海洋不远的地方。

有人说其实哪里都有糟糕的一面，
我想那应该是对的。
好像异乡运来的水果一定是贵的，
可谁又在乎它在产地是否廉价得可怜呢？

春天似乎已经在无奈地收拾行装，
酷暑想来也不会远了，
而我向往的南国，
那个遥远的南国，
是否早已下起淅淅沥沥的小雨？

解语

　　虽然我们不能随心所欲地挑选工作、生活的城市，可谁也不能阻挡你的向往，我们的快乐可能只是因为心底有个"向往"，不是吗？

问题 4

为什么明明准备很久的事，却大意地错过？

愈文

租借一座朝南的阳台，
只为栽种一盆心仪的花。

可错过栽花的季节，
即使还能顺利发芽，
是否还能顺利开花？
是否在花正红时便要面对偷袭的寒风？

早早买好花种，
却莫名地忘了播种。

春季如此短暂，
而我却这般大意，
错过那栽花的季节，
一如错过那不懂珍惜时到来的爱情。

解语

愿你如愿栽种一盆心仪的花，抓住你一旦错过定会惋惜的爱情。

问题5

是否喜欢很多事，
却不确定自己想做什么？

愈文

我是一朵飘浮的白云，
在风来临之前，
我也不确定我将要去往的方向。

我愿静静俯视那斑斓五彩的都市繁华，
亦愿循着花香去贪慕小桥流水的柴门人家。
我愿越过海湾点缀一座浪漫小岛上的椰树斜阳，
亦愿踏过千山去看那洁白无瑕的冰雪莲花。

可我只是一朵等风的白云，

在风来临之前，

我仍不确定我将会去往的方向。

解语

　　我们就像一朵朵等风的白云，既然志向很多，何必等风，去寻找你心中的风景吧，如果仍不确定，随机选择一个方向去飘吧，生活在哪里都会精彩。

60分钟探望你的心情

第二天

回忆美好过往

　　带着你的心情一起回忆那些美好的过往，"感冒"的心情也会露出甜蜜的笑容。

问题1

还记得童年时的折纸游戏吗？

愈文

夏夜的窗前，

你张开稚嫩的手掌，

抓着我怯怯伸出的食指，

教我玩着"点点豆豆"的游戏。

夏夜的窗前，

你拉着我玩你最擅长的踢毽子，

于是我注定欠你一百又一百。

夏夜的窗前，

我们一遍又一遍地玩着"东南西北"的折纸游戏。

儿时的欢乐像窗前的小河，

咕咕咚咚地伴着绿草和纸船轻快流过，

你拿着天真的童年与我分享，

我在日后的梦里一遍遍把那样的夏夜怀念。

童年像那窗前的小河消失在高楼大厦间，

如果我约你在曾经的窗前见面，

不知写给童年的诗是否还能为你带来遥远的回忆。

1. 找一张正方形的纸。

2. 上下、左右对折出十字折痕。

3. 翻过来，角向中心折。

4. 折好4个角。

5. 翻过来，角向中心折。

6. 折好4个角。

7. 翻过来。

8. 这一面写上"东南西北"。

9. 翻过来，每个"小三角"上写一个词，可以是任务名称，也可以是惩罚方式。

10. 完成。

解语

你的童年有这样的小游戏吗？做一个折纸玩具送给童年的自己吧。

问题2

你是否在整理物品时才发现
有些青春被遗忘了？

愈文

我把你的祝福收进珍贵的皮箱，

只在每隔若干年整理心情时才翻出来小心怀念。

我没有刻意要忘记，

更无意把它藏在深深的心底，

只是因为那已沧桑的日月和匆匆的流年，

逐渐地让我记不清那最后的别离。

在一片喧闹的街头，
还是某一个再也不曾经过的公交站口，
你不舍地离去，
带走了我懵懂的青春，
还有你羞涩的年纪。

而你留给我的，
只剩下我不得不偶尔翻出的回忆，
和一件我再也无法记清的青春旧事。

解语

　　回忆你那些被悄悄收藏的青春旧事，懵懂的青春和羞涩的年纪都装在珍贵的记忆皮箱里。

问题3

还记得你拥有的第一辆
单车吗?

愈文

每一个心怀浪漫的少年，

都曾梦想有一辆属于自己的单车。

那恐怕是最初的奢侈，

也是最美的梦想。

穿行在繁华或开阔的大街小巷，

享受速度带来的刺激与喜悦，

好像蹒跚学步的幼儿体验自由奔跑的快乐。

去那不远的郊外，

和三五个一样"痴傻"的伙伴，

随意停在一处麦田边，

或是一棵茂密的大树下，

然后再忽然间骑上单车，

风一般地互相追逐，

抛洒下一路的欢笑。

而时隔多年的人们，

是否只是在偶尔经过的麦田边，

在能远望某棵大树的窗口，

才会不经意地想起，

想起那再也难以踏上的单车，

想起那心怀浪漫的少年。

解语

　　如果有一天，你再回到儿时生活的地方，请一定骑上一辆单车走走那里的路，相信我，你一定会找到那个心怀浪漫的少年。

问题 4

童年的老电影院还在吗?

愈文

意外地遇见你，
在那座小镇的边缘。

老旧的铁门上布满暗红的锈渣，
只从弯角的缝隙才能找到几丝漆绿，
门内显眼的侧墙上覆盖着厚厚的尘土，
那里或许曾张贴着一张张精彩的电影海报，
对面的售票窗口挂着凌乱的蛛网，
紧闭的门板依旧带着远去时代的色彩。

影院的主楼肃穆地伫立在大院正中，
墙上的花纹，
破碎的灯罩，
都曾是最流行的式样，
台阶上长出密密的杂草，
无处不透着落寞的荒凉。

虽然未能亲见，

可我仍能想象那时的盛景，

许久以前的初夏夜晚，

大厅的灯光透过宽大的窗户照亮整个庭院，

两两依偎的情侣等待入场，

而大门外的街道上也会时时投来艳羡的目光。

若干年前的最后一场电影定是悄悄地落幕，

然后便成为一座无人光顾的废墟，

只让像我一般的过客静静瞻仰，

或者，

默默感伤。

解语

　　童年的电影院记录的不仅是电影的欢乐，还有你欢乐的童年。

问题5

是否奢望在他/她的心底
有个为你留着的角落？

愈文

天边一抹夕阳映红西墙的时候，
那弯明月早已淡淡地挂在空中。

随着最后一抹红霞的落下，
你慢慢张开笑脸。
洁白的面容，
从容地舒展身姿。

繁星伴着弯月，
淡淡地照着大地，
有蟋蟀在鸣叫，
和着屋后小溪的潺潺。

丝丝微风吹进窗口，
带着你的阵阵清香。

你仰着头痴痴地随风轻摆，
伴着玻璃窗内红红的台灯，
守望着低头奋笔的少年。

暖暖的夏，
宁静的夜。

当清晨的阳光再次照亮大地，
你终于低下疲惫的脖颈，
一夜的绽放已让你面容憔悴，
静静待在窗前那不显眼的角落，
连少年也不曾注意。

谁来告诉那幸福的少年，
夜晚来临时看看窗前的笑容吧。

我相信你是愿意的，
愿意在你绽放美丽的时刻，
被少年轻轻摘下，
摊开来，
夹在某夜的日记中。

总会有那么一天，
少年翻开泛黄的日记本时，
还能看到你绽放的笑脸，
纯白的面容。

解语

　　青春年少时对爱情的理解往往不是拥有，而是静静地陪伴和守候，甚至只是奢望在他／她的心底有个为你留着的角落。

60分钟探望你的心情

第三天

真诚的肯定

　　探望时别忘了给予真诚的肯定，消除它的疑虑，"感冒"的心情需要你坚定的眼神。

问题1

为什么你的想法和别人不一样?

愈文

我出生在温暖而湿润的高山脚下，
四季宜人的河谷养育了一个喜悦民族，
人们爱着那水流花开的阳光午后，
我却爱着那极目远眺下出现的雪山之巅。

我愿跋山去看那挺拔入云的雪岭云杉，
坐看成群的马鹿与翱翔的苍鹰挥翅而过，
我愿追寻雪豹的足迹踏过汗腾格里冰川，
在托木尔峰之上感受冻彻世界的极寒。

解语

　　因为别人不知道，你看到过他们不曾看到的"风景"。

问题2

想家是因为不够坚强吗？

愈文

树叶凋落总要在空中翻转，

看看它无法重历的四季；

河水流逝总要认真拂过每一粒经过的沙石，

不为那一条条无法再次流过的河道留下遗憾。

幸好我们是幸运的，

可以在一片宿命的土地上来来去去，

不用担心曾经的拥有终成回忆。

当那流浪多年的脚步渐渐疲惫，

才发现漂泊的灵魂早已无处栖息。

学着徘徊，

并不会泄露那难舍的心情，

多看一眼，

也只是为了让思念多留一份难抹的印记。

解语

　　坚强的标志是敢于面对失败，做父母后才知道孩子恋家是多么难得的品质。

问题 3

还记得你享用过
幸福的大餐吗？

愈文

如今看来多么平凡的拥有，
在那时也是奢侈的。

好像那时对人生的期待，
短浅而天真。

幸运的是，
在那些奢侈化为平凡之前，
青春经历了无法回头的满足。

再多的勇气，

也不够越过生死。

再美的风景，

也关不住躁动的心灵。

而谁又能轻易懂得，

幸福的大餐只要两只虾，

你一只，

我一只。

解语

　　你的回忆里一定有简单而幸福的大餐，品尝的是甜蜜的滋味。

问题 4

没有得到结果，算是一种失败吗？

愈文

我从未到过你的窗前，
从未透过夜晚的窗棂看你花季的笑脸，
因此当我们静静地分别，
我无法请你温柔地记起，
记起我们曾在何处相见。

我们静静地分别，
好像日记中滑落的干花书签，
翩翩下坠，
看见你我之外，
无人能嗅的淡香悄悄蔓延。

如果说，

一段相逢，

是为了实现前世的夙愿，

那么这样静静地分别，

定是已了却那未尽的前缘。

离开那漫无边际的戈壁沙滩，

如果你偶尔还能温柔地记起，

记起一段快乐的时光，

或是一刻美好的画面，

兴许是一丝淡淡的忧伤恰好在我心头浮现。

哈萨克古丽

1=G 4/4 ♩=75

词曲：安载良

(1)

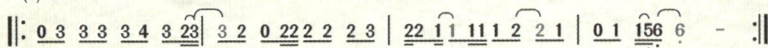

我 从未 到过 你窗　　前，从未透过 夜晚　的窗棂，看你花季　的　　笑脸；
因此当 我们 已分　别，无法请你 温柔　地记起，记起我们　曾　相　见。

(5)

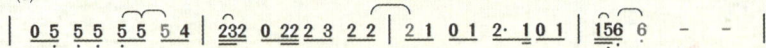

我们 静静　　地 分别，好像日记中滑　　落　的干花 书 签，

(9)

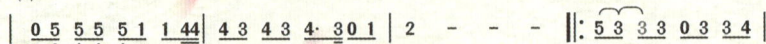

看 见你我之外,无人 能嗅 的香悄 悄 蔓　　延。　　　　　　离　开　遥远的
　　　　　　　　　　　　　　　　　　　　　　　　　　　　如　果　你还能

(13)

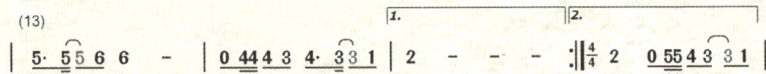

戈 壁 沙滩，　　　　记起一段 快乐 时 光；
温 柔 地记 起，　　或是一刻 美好 画　　　　　　　　面，在我心头 浮

(17)

现。

解语

　　能够偶尔温柔地记起，就是美好的回忆，所有值得回忆的事都有其价值。

问题 5

长大后离开家乡才算成长吗?

愈文

总以为最美的离别场景，

应是在那码头的客船上，

岸边有亲人的惜别，

有故人的挥手。

可我却从未见过故乡的河上有远行的船。

莫不是因为我们要向东走，
你才向西流？

解语

　　成长的方式有很多，离开舒适的环境更能锻炼人的意志。

　　你的家乡有河吗？你记得它的流向吗？

　　告诉你一个有趣的冷知识：

　　中国的地势普遍西高东低，因此绝大多数河流是自西向东流的，因此诗词里有"大江东去，浪淘尽"，歌曲里有"大河向东流，天上的星星参北斗"。但也有几条河例外，例如新疆的额尔齐斯河和伊犁河、甘肃的疏勒河、山东的大汶河等。

　　那么，你家乡的河流是朝哪里流的呢？

60分钟探望你的心情

第四天

热情的鼓励

探望心情时也别忘了给予热情的鼓励，你将带给它勇往直前的动力。

问题1

你是否曾遇见一个不解风情的爱情傻瓜？

愈文

我是一只不擅长飞行的小鸟，
却固执地向着遥远的海岸飞翔。

我是一只努力飞翔的小鸟，
寒冷时需要更加努力地拍着翅膀，
无暇顾及大地的草色或是荒凉。

我飞过了戈壁沙丘，

飞过了峡谷河流，

在一望无际的草原上趁着晴日高飞远望。

当我离开草原，

飞向远方，

请善意地提醒我，

是否曾错过你热情的毡房。

解语

　　你是否曾遇见一个专注于努力飞翔的"爱情傻瓜"？

　　如果你喜欢，别犹豫，叫住他！

问题2

为什么你的成长有那么多坎坷？

愈文

也许是为了让我们早点长大，
妈妈在生日里，
放手让我们去流浪，
于是我们随风飘扬，
去寻找自己的远方。

飞过遍地的鲜艳野花，
飞过流淌的静静长河，
飞过宁静安详的村庄，
飞向七彩霓虹的"丛林"。

我们欢快地在一座座高楼大厦间飞舞，
飞向高耸入云的玻璃窗看日出日落，
飞向炫目耀眼的广场看银光闪烁，
困倦时则随意停靠在某个角落等待下一个温暖的黎明。

当一夜气温骤降，

我急切地想找个温暖的怀抱过冬，

才发现这水泥丛林间竟没有一块肥沃的土壤。

于是我回头拼命地飞翔，

飞过高楼还是高楼，

飞过街道还是街道，

越飞越远，

越飞越冷，

终于在一阵狂风后意识到我已经找不到回家的方向。

看不见兄弟姐妹的身影，

看不见草原与长河，

我哭着四顾远方，

原来流浪竟是这般痛苦的成长。

解语

　　相信你读过上面这段文字后，一定和我有一样的认知：本以为我们已经足够强大，但某一天会突然明白，只有经历坎坷才能真正长大。

问题 3

梦想也需要自己去呵护吗?

愈文

我种下两盆小丽花，
拉开窗帘让阳光尽情洒下。
凝望着外面的红墙蓝天，
盼望它们在我不经意时偷偷发芽。

等待像一双蒙住眼睛的小手，
明天就有惊喜吗？
怀着忐忑的心情默默憧憬，
日升月落时拱起头顶的泥巴。

单薄的小丽花，
在窗前静静度过雾霾的初夏，
远处的天空下太多高楼大厦，
匆忙得让我忘了对你们多一些牵挂。

孤单的小丽花，

你们是否也会害怕，

害怕窗外的人们都戴着面纱？

寂寞的小丽花，

你们是否相互说话？

只有你们可以不理会这世界的复杂。

美丽的小丽花，

你们要快快长大，

原谅我不善于表达，

原谅你们并不宽敞的家。

昂起头向着太阳吧，

努力生长，

努力开花。

解语

　　如果你曾种下梦想的种子，别忘了呵护它，鼓励它努力生长，努力开花。

问题4

不肯放弃只是因为固执吗?

BLATOUS

愈文

为了这次旅行，

我们等了好久，

筹划了周密的路线，

积攒了太多的期盼。

带上足够的水，

满载丰盈的食物，

与亲朋道别，

让家人勿念。

离家时阳光明媚，

看不出前路的阴雨绵绵。

无奈地祈祷吧，

也许不久将雨过天晴。

连日的阴雨，

一路的泥泞，

脏了裤脚，

湿了新鞋。

尽管回头的路更宽，

我们走得还不是太远，

可谁又甘心放下那积攒了多年的期盼。

继续祈祷吧，

继续向前，

不是因为固执，

只是我们知道无法给失望的心编一个满意的答案。

解语

　　如果无法欺骗自己的内心，就昂起头大步向前吧。

问题5

是否曾怀疑自己无法再回到
熟悉的家乡？

愈文

记忆中有座叫"往日"的城市。

那里的天空，
那里的街道，
那里人潮拥挤的广场，
已不记得我的模样。

期待着与你再次相遇，
期待着把你细细端详，
期待着漫步在你身旁，
却不知不觉地悄悄遗忘。

挥别的手啊，
送我去流浪。
迷蒙的眼睛，
叮嘱我不要为你感伤。

追寻的人啊，
蒙上眼奔向远方，
回头看看往日的城市，
是否像我载满青春的行囊？

解语

　　离家的人不要怕追寻远方，故乡是如此大度，愿向你挥手送别，也愿迎你回家。

60分钟探望你的心情

第五天

温馨的建议

探望时别忘了像亲友一样提出温馨的建议，督促你的心情去付诸行动吧。

问题1

这座生活太久的城市
是否让你偶尔感到疲倦？

愈文

当你厌倦了都市的生活，
不妨摊开地图，
找一座离你不远的小城，
在一个平凡的周六黎明，
搭乘一列途经的火车，
去感受一次流浪的周末。

如果你愿意，
甚至可以丢下那象征性的行囊，
手插口袋，
随意走进一片陌生而亲切的人来人往。

仿佛最初来到这个世界，
或许驻足好奇于推车小贩，
痴迷于欢笑的人们走走看看，
或许小心举着彩色棉花糖穿过不绝于耳的热情叫卖，
然后带着惬意的疲惫倚在布满锈彩的栅栏。

如果可以步行，
尽量走遍你能够到达的角角落落，
在某个街角，
一定会看见挂满五颜六色生日礼品的商店，
窗前的饰品似乎经年未变，
一件件带着你记忆中的模样。

经过的矮旧小楼爬满青藤，
路边的小食店温馨却不修边幅，
慈祥的老人坐在太阳下摆弄着手中的针线，
树荫下斑驳的球桌旁聚集着青涩的少年。

流浪在一座朴实无华的小城，
远远离开了繁华的纷扰，
为那曾经困惑的年轻，
为那不再热烈的心跳。

或许今生，
今生再无缘如此闲暇，
无缘如此流浪。

解语

　　找一座不远的小城镇，卸下包袱，带着你"感冒"的心情去完成一次周末流浪吧。

问题 2

你想过亲手做一个能让他/她
随身携带的礼物吗？

愈文

盛夏的午后，
阳光透着汗水。

你，
静静站在我的旁边，
三四米的距离，
再后退一点，
便是一片树荫。

时而抬头看着我和小伙伴们，
还有那半空中携着欢笑划过的沙包，
时而低头，
静静编着一条橙色的手链。

只是一片肆意飘摇的黄叶，

坠落在我的窗前，

恰好借着刺眼的阳光，

恍惚的刹那间，

忽然想起你。

童年时的笑脸，

一定想象不到我们今天的模样。

那条橙色的手链，

也早已不知被我遗忘在何处。

解语

　　为他／她亲手做一个礼物吧，比如一根编织的手链。

问题 3

还记得你家附近的那条河吗？

愈文

故乡有条美丽的河，

童年的野炊刻画在最美的阳光河畔。

故乡有条浪漫的河，

幸福的人们在爱得最浓时与它合影留念。

故乡有条善解人意的河，

绝不会在你恋恋离去时用力地拍打河岸，

却一定在与你久违时，

翻起跳跃的浪花。

解语

　　它是否陪伴过你的童年？是否在与你久别重逢时，翻起跳跃的浪花？

　　拍一张你和它的合影吧，那是故乡的河。

问题 4

多久没有静静地享受
冬日阳光了？

愈文

那是一个奢侈的午后，
可以静静望着远处的大厦好久好久，
甚至没有一只飞鸟经过，
仿佛末日般静寂。

阳光轻易穿透眼前如纸的肌肤，
如火山爆发时的炙热岩浆，
无边无际地汹涌袭来。

几粒浮尘在咫尺的视线中缓慢飞过，
却又在沿路望去时消失在抬头的那片天空，
执着地多看一霎，
收获的是已含泪的双眼。

那是一个奢侈的午后，
没有音乐，
只有静静的冬日阳光。

噢，苏珊娜

1=C $\frac{2}{4}$

斯蒂芬·福斯特

| 0 | 0 1̲2̲ | 3 5 | 5· 6 | 5 3 | 1· 2 | 3 3 | 2 1 |

| 2 | 0 1̲2̲ | 3 5 | 5· 6 | 5 3 | 1· 2 | 3 3 | 2 2 |

| 1 — | 4 4 | 6 6 | 6 | 5· 5̲3̲ | 1 |

| 2 | 0 1̲2̲ | 3 5 | 5· 6 | 5 3 | 1 2 | 3 3 | 2 2 |

| 1 — ‖

解语

　　这是一首非常简单的小曲，如果有机会，拿起乐器，试着演奏一下吧，音乐有时候很简单。

问题 5

你会留着儿时的玩具吗？

愈文

把儿时的布偶装进一个玻璃保险箱，

丢掉钥匙和密码，

摆在书架一个不显眼的位置上。

再没有任何一双手可以轻易触摸它，

让它改变面貌，

或者沾染新的灰尘。

每当怀念往昔时，

就走到它的面前，

隔着玻璃静静瞻仰那遥远的回忆。

细细端详它的纤维，

它的针脚，

它身上那清晰的污迹。

然后大胆地去生活，

再也不用害怕那孤独的灵魂无处寄托。

直到有一天，

这世界带来太多的悲伤，

满溢的情感无处宣泄，

那就去用力敲碎它吧，

拥抱那最单纯的欢乐，

最无私的温暖，

以及，

最初的梦想。

解语

　　若你背井离乡，在一个熟悉又陌生的城市安家立业，可否在这个异乡的家中留一个小小的位置，摆放你童年的记忆？

60分钟探望你的心情

第六天

畅想幸福生活

"感冒"的心情即将康复，探望结束前一起畅想幸福的生活吧！

问题1

你有过浪漫的约定吗？

愈文

十月的周末，

我在微凉的晨风中出门，

当金色的阳光刚好照进我的阳台。

沿着路旁的小径慢慢地走，

清凉的石板路随着晃动的树叶静静地延伸，

似乎总也望不到尽头。

时而出现今夏才漆过的绿色街椅，

上面交织着轻轻变换的光斑，

一旁的草坪格外温暖。

远远的大桥上驶来空荡荡的公交车，

高高耸立的摩天轮像一枚精巧的戒指挂在天边。

顺着桥边的石阶走近河岸，

红黄的花海触手可及，

我终于坐在这里等你，

看那高飞的大雁，

看对岸轻摆的炊烟。

你应该知道，

这美丽的画景，

像我的诗，

像你的梦。

我在这里等你，

在十月的周末里，

在十月的微风中，

在十月的花海旁，

在十月的落日黄昏下。

而你，

就像雨后的彩虹，

来，

与不来，

其实都已印在我的心中。

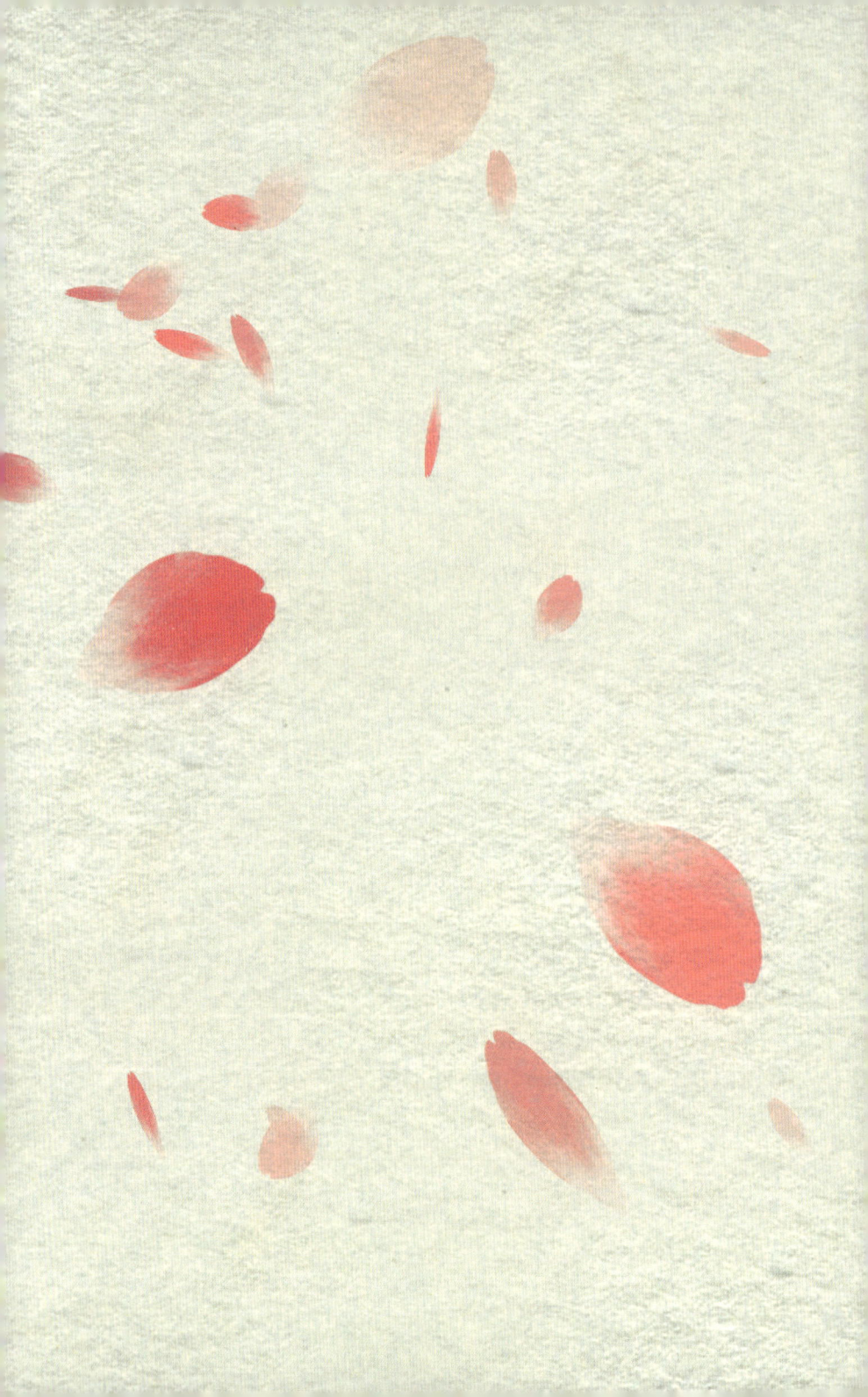

解语

浪漫的心情由你自己决定！

问题2

你是否梦想有一个小花园？

愈文

斑驳的叶影洒在微微晃动的秋千上，

葡萄藤总会留些缝隙，

好让枝枝叶叶间穿过些什么，

有时是风，

有时是雨，

有时是阳光。

小小的金鱼池，

盛开或正在枯萎的花，

静静的铁皮桶。

解语

　　其实，一个用花草装点的阳台是不是就很美？如果你已经拥有，为它拍一张照片吧，打印出来，贴在左页空白处。

问题3

你是否憧憬
一种简单而幸福的生活？

愈文

我愿住在那样一个小镇，
它建在大山绵延的缓坡上。

镇里只有一条街道，
一眼望去就知道面包房是否开门，
咖啡店是否营业。

清晨骑着单车去小镇的那端上班，
粉色的公主裙紧紧搂住大裤衩的腰。

下坡不会太快，
还得时而刹车，
顺路送宝贝走进幼儿园，
轻快地继续向前。

午餐就在对面的小馆，
顺便晒晒慵懒的阳光。

迎着夕阳结束一日的劳作，
远远望见女儿欢跳着向这边招手。

扶着爸爸的单车一起缓缓爬坡，
路过街边的金鱼店。

邮局门口的绿色单车映衬着晚霞，
糖果屋外挂满了五彩小旗。

当弯月爬上树梢，
星光开始闪烁，
坡顶传来阵阵欢笑，
坡下的街道映着一路金黄的小镇情调。

解语

长大的我们看惯了具象的世界，失去了想象的本领，可孩子们脑海里的世界却是梦幻且令人向往的，把前面"愈文"文字中的场景描述给你的宝贝，请他／她试着在左页空白处画一幅美好生活的画吧，很可能就是你憧憬的幸福生活哦！

问题 4

美好的事情何时才会发生？

愈文

那片辽阔的草原没有公路，
只有两条常常掩没在草间的铁轨，
从遥远的地方铺来，
又铺向另一个远方。

草原深处有一座小小的车站，
站台上只有一张绿色的长椅，
和一个绿色的邮箱。

每周五会有一辆绿皮火车如蜗牛般缓缓驶来，
大多时候没有一位下车的乘客，
然后又会在下个周一再次经过，
依然是短暂的停留，
甚至无须打开车门。

于是，
很少有人知道草原深处的样子。

那里的天空永远蓝得透彻，
永远静静飘着几朵疏散的白云，
时而有展翅的雄鹰翱翔。

几座白色的毡房醒目地扎在草原中央，
远眺有散落的羊群，
近处有些许奶牛悠然地吃草。

有人在站台的邮箱投入一枚雪白的信封，
每个月去看看是否有回应。

多年后的一天，
那人终于收到来自远方的邮戳，
于是开始在每周一去站台坐坐，
坐在长椅上，
支起画架，
直到那辆绿色的火车不留任何痕迹地经过。

长椅的绿漆渐渐剥落，
站台旁的野草绿了又黄，
一个早春的周一午后，
火车如往常般缓缓停靠，
从车门里却只慢慢推出两个巨大的包裹。

画架后的那人憨憨地笑着不语，
直到包裹后走出一位手持信封的姑娘。

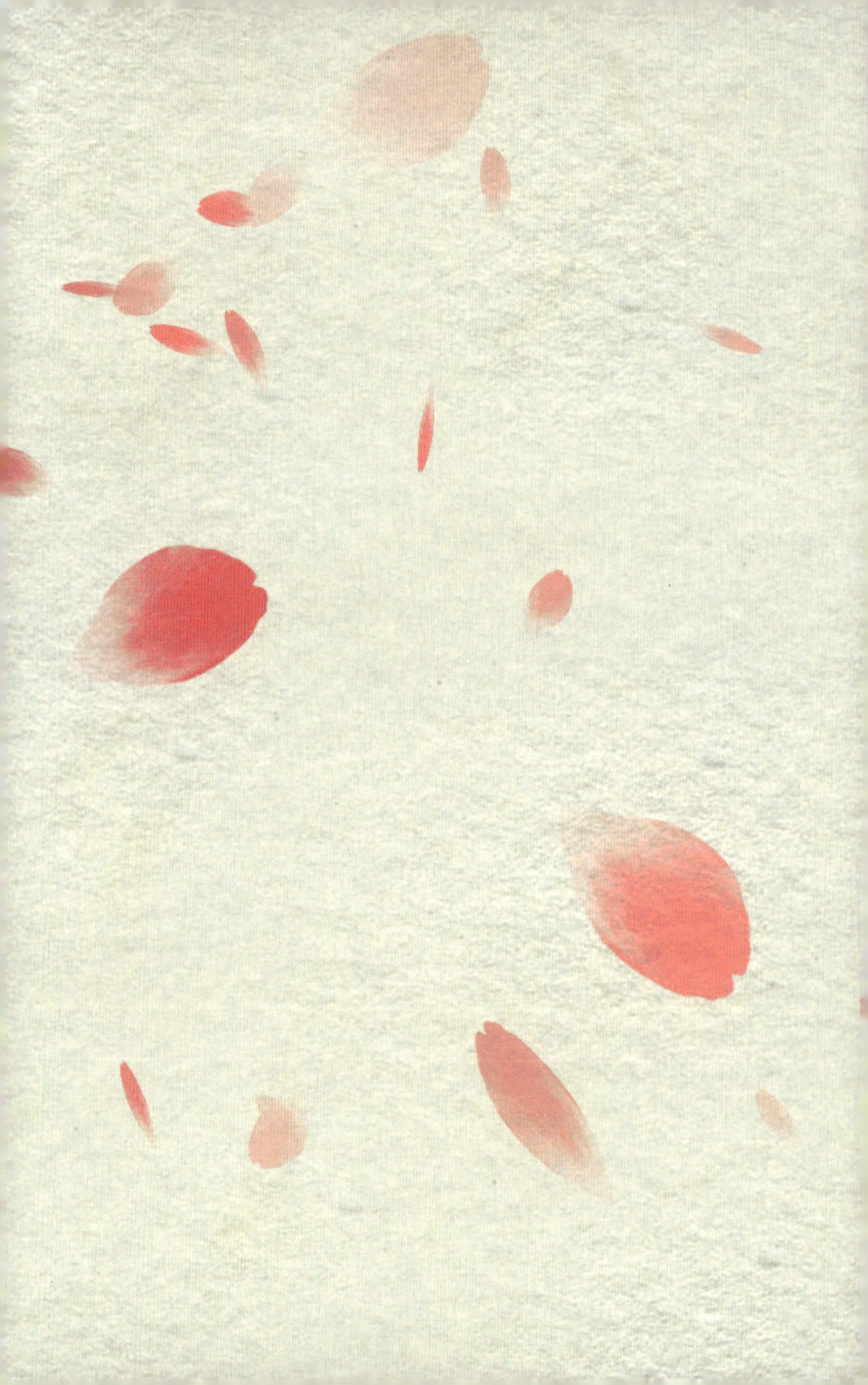

解语

相信美好，不急不躁，你的期望一定会实现！

问题 5

你是否已经下定决心跟过去的自己告别？

愈文

是不是每个人都会寻找，
寻找一个合适的机会，
告别自己。

在生命中的某个时刻，
下定决心。

勇敢地面对大海，
洗礼，
释怀。

静静感受海水的拥抱，
倾听它的心跳，
任它轻拂每个脚印，
擦去你来时的路。

掸落一身的尘埃，
让海风吹透你的心灵，
收纳所有的回忆，
留下清澈的灵魂。

当阳光穿透云层，
让浪花亲吻胸膛。

告别过去，
告别大海，
带着热烈的眼光，
微笑，
前行。

解语

　　告别不是结束，而是一个新的开始，愿你带着热烈的眼光，微笑，前行！